电力设施保护之
三十六忌

厦门诺熙文化传播有限公司　著

中国电力出版社
CHINA ELECTRIC POWER PRESS

内 容 提 要

本书内容结合现场实际，采用漂亮的彩色漫画，旨在使具有不同文化水平的各类读者均能了解身边的电力设施，增强人们的电力设施保护意识，明确哪些能做、哪些不能做。本书轻便易携，精挑细选了三十六个有关电力设施保护的知识点，并为每一个知识点编写了朗朗上口的口诀、配了生动清新的图片，真正做到了以图达意。

本书是广大读者了解电力设施保护有关知识的立项读物，也是大力宣传安全用电、展示供电公司良好服务形象，营造和谐的供用电环境，提高供电服务水平的好帮手。

图书在版编目（CIP）数据

电力设施保护之三十六忌 / 厦门诺熙文化传播有限公司著. —北京：中国电力出版社，2015.4
（2015.12重印）
ISBN 978-7-5123-7397-6

Ⅰ.①电… Ⅱ.①厦… Ⅲ.①电气设备–保护–普及读物 Ⅳ.①TM7-49

中国版本图书馆CIP数据核字（2015）第054076号

中国电力出版社出版、发行
（北京市东城区北京站西街 19 号　100005　http://www.cepp.sgcc.com.cn）
北京盛通印刷股份有限公司印刷
各地新华书店经售
＊
2015 年 4 月第一版　　2015 年 12 月北京第二次印刷
787 毫米 × 1092 毫米　24 开本　2 印张　31 千字
印数 3001—6000 册　　定价 **18.00** 元

敬 告 读 者

本书封底贴有防伪标签，刮开涂层可查询真伪
本书如有印装质量问题，我社发行部负责退换

厦门诺熙文化传播有限公司

主　编　陈剑敏

副主编　龚蛟龙　周　炜　周光辉

编　委　陈剑平　李梦菊　蔡自在　王慧强　吴小奎

　　　　冯　桢　刘天洛　戚　新　李　珏

设　计　蔡自在

诺熙传媒，专注于国企事业单位的创意宣传！

前 言 PREFACE

　　近年来，电力设施破坏案件屡禁不止，严重危及电网安全和人民群众的生产、生活。除少数不法分子肆意破坏外，相当一部分破坏行为是由于人们对其知之甚少而无意造成的。

　　为了加大和深入电力设施保护知识的宣传，一直致力于用动画和漫画的形式来承载电力科普知识的诺熙传媒，精心策划编制了本画册。本画册以图文并茂的形式，诠释了《电力设施保护条例》，提醒社会公众：保护电力设施，人人有责！本画册精选电力设施保护相关的三十六个知识点，不仅编写有朗朗上口的"口诀"而且还配以生动形象的漫画和简明扼要的说明，让不同文化水平的读者能更快、更好地理解和消化关键知识点。从而了解电力设施保护常识，明晰日常生产生活中哪些能做，哪些不能做。本书可作为开展"安全月活动""科普日活动"的宣传用书。

　　由于我们编绘的水平有限，书中难免会有一些不足之处，恳请读者和行家批评指正。

周　炜

CONTENTS 目 录

危险有害化学物，保护区内要清除

　　禁止在地下电缆保护区内堆放垃圾、矿渣、易燃物、易爆物，禁止倾倒酸、碱、盐及其他有害化学物品，以免破坏电缆。

下有线缆 注意保护

电缆线路需保护，严禁钻探和挖土

　　禁止在地下电缆保护区内使用机械掘土、钻探，以免破坏电缆造成停电事故，甚至引起人员伤亡。

运输货品莫贪高，拉断电线要坐牢

驾驶车辆穿越架空导线时要审视车辆是否可以安全通行，以防短路、倒杆、断线。

起重机械多留心，电力线下别乱行

　　起重机械设备不得在架空导线下方作业，如需在电力设施保护范围内作业时，应向电力主管部门进行申请，征得同意后方可作业。

线下建房莫疏忽，安全距离要留足

架空电力线路安全跨越房屋时，被跨越的房屋不得再增加高度。超越房屋的物体高度或者房屋延伸出的物体长度应当符合安全距离的要求。

线下不可栽树木，长大危及电线路

禁止在电力线路保护区与电线杆塔附近种植高秆植物，以防树木生长影响供电安全。

电力设施受保护，严禁种植攀爬物

严禁在电力设施附近种植攀爬植物，以防攀爬植物生长影响供电安全。

防止线路受损伤，不得烧窑和烧荒

禁止在架空电力线路下和杆（塔）附近烧窑、烧荒、烧垃圾，以免破坏导线。

杆线之间别修路，防止发生大事故

　　禁止在杆塔内（不含杆塔与杆塔之间）或杆塔与拉线之间修筑道路，以免破坏电缆造成停电事故，甚至引起人员伤亡。

诺熙村

牛羊牲畜力气大，性情暴躁把杆拉

　　禁止把牲畜拴在电杆或拉线上，防止因牲畜受惊而使电杆倾斜，造成导线短路甚至倒杆断线事故。

砍树倒向需观察，不可无备乱砍伐

　　砍伐树木时要注意安全，砍伐树木时要防止树木倒下时碰触电线。若砍伐树木会对电线有影响，应及时联系当地电力主管部门，以便做好相应的安全措施。

电力线路要维护，保护区内禁堆物

禁止在架空线路保护区内堆放谷物、草料、易燃物、易爆物，以免影响供电安全。

电力设施大家爱，严防盗窃与破坏

不得损坏、破坏、盗窃电力设施，如发现损坏、破坏、盗窃电力设施等非法行为，应该及时向供电公司或公安局进行反映或举报。

电力设施和器材，不得收购和买卖

　　未经公安、工商管理部门批准，禁止任何单位和个人收购、销售废旧电力设施器材，如发现非法倒卖电力设施器材应该向公安机关或供电公司举报。

佳节天灯来祈福，如遇电线犯糊涂

禁止在架空线路附近燃放孔明灯，以免因短路造成公共财产损失。

物体别向线路抛，砸坏设施要坐牢

禁止向变压器台上或线路抛杂物，以免因短路造成停电。

田间耕作要注意，电杆拉线要远离

禁止为了耕种方便破坏拉线。拖拉机、收割机、牲畜在田间作业时，应尽量避免碰触电杆和拉线。

杆塔拉线系安全，广告条幅别乱连

禁止在杆塔、拉线上安装广播喇叭、悬挂广告条幅、安装广告牌，以防影响供电安全。

江河电缆
禁止作业

抛锚炸鱼和挖沙，危及安全太可怕

禁止在江河电缆保护区内抛锚、拖锚、炸鱼、挖沙，以免破坏电缆。

告诫朋友别淘气，甭对线路乱射击

禁止向电力设施打鸟、射击，以防打断电线、打坏电力设备，造成线路损坏引发停电。

设施周边别乱来，爆竹烟花危险来

禁止在杆塔、变电站、配电房等电力设施周边燃放烟花爆竹，以免破坏电力设备。

爆破作业莫大意，电力设施要远离

禁止在电力设施周围和架空线路 500 米范围内（指水平距离）进行爆破作业。

电力设施保护牌，严禁拆移和窜改

禁止拆卸杆塔或拉线上的器材，移动、损坏永久性标志或标志牌。

电线落地勿大意，保持距离等处理

　　发现电力线断落、配电变压器等设施出现异常情况时，应立即告知供电公司进行处理，并远离现场看守，等待电力抢修。

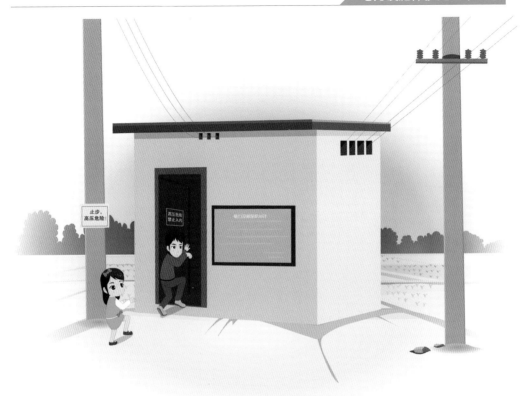

闲人莫近配电间，害人害己祸无边

　　非电力工作人员不得进入配电室进行倒闸操作。发现配电间没上锁时可拨打95598，让工作人员进行处理。

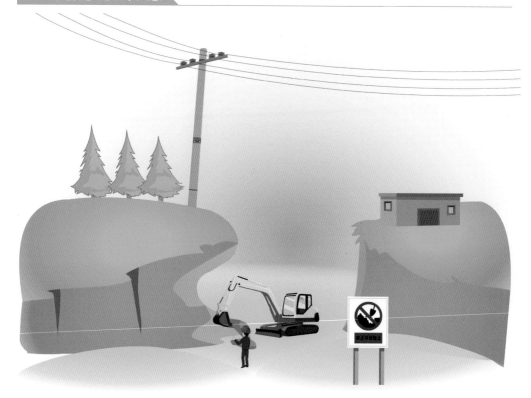

杆塔附近莫取土，倒杆断线要受苦

　　禁止在电力设施周围进行取土、打桩、挖井、钻探等活动，以免土壤松动引起杆塔倾倒发生危险。

禁止攀登
高压危险

禁止攀登

禁止攀登

杆塔变台不能登，小心触电把命扔

禁止爬电线杆、变压器台、铁塔，以免相间短路引起停电和触电事故。

电力线路要保护，不能随意建建筑

禁止在地下电缆（线路）保护区内兴建建筑物、构筑物，以免影响供电安全。

风筝漫天随风舞，莫要碰线出事故

禁止在电力线路附近放风筝，以免引起相间短路和停电事故。

止步
高压危险!

禁止攀登
高压危险

电力设施保护栏，严禁攀登和游玩

严禁攀登、跨越电力设施的保护围栏或遮栏。

电力标识莫破坏，涂改破坏把罪带

禁止涂改、移动、损害、拔除电力设施建设的测量标桩和标记，以免影响电力施工。

杆塔不能做地锚，拉线牵力难拴牢

禁止利用杆塔、拉线做起重牵引地锚，以免杆塔倒塌引发停电。

电线杆旁抛鱼线，线线搭连人触电

禁止在电力线路附近钓鱼，以免引起相间短路造成停电或触电事故。

开发建房要规划，非法占用受处罚

任何单位和个人不得非法占用变电设施、输电线路走廊和电缆通道。

水上行船要注意，确保安全留距离

船只从架空线路下通过时要保持足够的安全距离，提前放下桅杆。

拉线不能太负重，倒杆断线天地动

严禁摇晃拉线或拿拉线当支撑物，保证杆塔不发生倾斜和倒塌。